AF367768

MONOCOTYLÉDONES

ET

ACOTYLÉDONES

PRINCIPALES FAMILLES ET PLANTES

ÉTUDIÉES EN MÉDECINE

SUBSTANCES D'ORIGINE ANIMALE

USAGES THÉRAPEUTIQUES

(3ᵉ et 4ᵉ EXAMENS DE DOCTORAT)

PAR LE Dʳ L. LIGNAC

Deuxième Édition

PARIS

OLLIER-HENRY, LIBRAIRE-ÉDITEUR

13, RUE DE L'ÉCOLE DE MÉDECINE, 13

1884

MONOCOTYLÉDONES

MONOCOTYLÉDONES

ET

ACOTYLÉDONES

PRINCIPALES FAMILLES ET PLANTES

ÉTUDIÉES EN MÉDECINE

SUBSTANCES D'ORIGINE ANIMALE

USAGES THÉRAPEUTIQUES

(3e et 4e EXAMENS DE DOCTORAT)

PAR LE Dr L. LIGNAC

Deuxième Édition

PARIS

OLLIER-HENRY, LIBRAIRE-ÉDITEUR

13, RUE DE L'ÉCOLE DE MÉDECINE, 13

1884

DU MÊME AUTEUR

Dicotylédones (2ᵉ édition).............. 1 volume.

Substances chimiques employées en méde-

cine .... 2 fascicules

Le 3ᵉ et dernier fascicule est en préparation.

AVANT-PROPOS

Une vue générale des trois grandes classifications modernes des végétaux a été donnée dans l'avant-propos du petit opuscule (Dicotylédones) qui forme la première partie de cet ouvrage dont la deuxième édition a été revue avec un soin minutieux.

Sans contredit on peut nous reprocher d'être bien sobre de détails et de passer bien rapidement sur certains points ; mais cette concision constitue justement l'avantage de ce Manuel, grâce auquel, en peu d'instants, on peut se remettre en mémoire les principaux traits de la botanique médicale, et étudier d'une façon avantageuse pour l'examen la collection de plantes que renferme à la Faculté de médecine le Musée Orfila.

Ce volume comprend naturellement deux parties : les Monocotylédones et les Acotylédones ; une troisième partie s'y trouve rattachée, dans laquelle nous donnons un aperçu des principales substances d'origine animale dont l'usage est médical.

— Les Monocotylédones, comme leur nom l'indique, ont un embryon pourvu d'un seul cotylédon de forme variable et enveloppant de toutes parts la gemmule.

— Dans les Dicotylédones, la fleur est construite sur le type 5 ; ici c'est le type 3 qui domine.

Il y a un ou deux verticilles de trois étamines, pistils, etc. une seule enveloppe florale (périanthe), ordinairement à trois divisions, que de Jussieu regardait comme le calice, mais qui, colorée, prend le nom de corolle.

Ces plantes monocotylédonées, ont une tige herbacée dans nos climats, herbacée ou ligneuse dans les pays chauds ; l'écorce est mince, adhérente à la tige et ne contient ni liber, ni vaisseau.

Cette tige est le plus souvent un *stipe,* souvent encore un *rhizôme* quelquefois un *bulbe* ou des *tubercules* (Orchis).

La feuille est généralement engaînante avec des nervures parallèles ordinairement sans ramifications ni anastomoses.

Nous étudierons les familles les plus saillantes de chaque grande classe.

« Ainsi, par exemple, dans les monocotylédones, dit Achille Richard, il faut étudier : 1° les Graminées, 2° les Liliacées, 3° les Amaryllidées, 4° les Iridées, 5° les Orchidées. En effet, celui qui connaîtra bien chacune de ces familles principales, saura facilement saisir les caractères différentiels des autres familles groupées autour de chacune d'elles, et les analogies ou affinités qui les lient les unes aux autres. On agira de la même manière pour chacune des grandes divisions du règne végétal. »

— De Jussieu, dans sa classification naturelle (1789), base de toutes les classifications ultérieures, a divisé les monocotylédones comme il suit :

Monocotylédones	Hypogynes (supérovariés)	Graminées. Palmiers. Liliacées. Asparaginées. Smilacées. Dracénées. Aroïdées.
	Périgynes (périovariés).	Colchicacées, etc.
	Epigynes (inférovariés).	Amaryllidées Iridées. Orchidées. Amomées, etc.

Cette division était basée sur le mode d'insertion des étamines.

—

Quant aux Acotylédones (Jussieu), Arhizes (Richard), Végétaux cellulaires (de Candolle), ils renferment les plantes, dont l'organisation est la plus simple ; ce sont des végétaux formés de cellules diversement agencées (simples ou unicellulaires, filamenteuses ou cellules placées bout à bout, etc.)

Leur reproduction est variable. Elle a lieu :

Ou bien par des *spores* (σπορά, semence), cellules qui se développent sur la plante mère dans un *sporange*, sorte d'organe femelle ; tandis que simultanément les organes mâles se trouvent sur une autre plante (anthéridie). — Les spores jouissent à un moment donné de certains mouvements ; puis ces mouvements s'arrêtent, les spores se fixent au sol et bientôt la plantule paraît ;

Ou bien encore la reproduction peut se faire *par scission* ;

Il y a enfin un mode de reproduction tout particulier qui se ferait à l'aide de la *conidie* (κονίς, poussière), sorte de spore anormale.

—

Il nous a été impossible de ne pas nous servir d'une foule de mots, qui, ayant une signification propre et technique en botanique, pourraient arrêter ceux qui ne se seraient pas déjà familiarisés avec les éléments de la botanique générale et de la physiologie végétale.

Nous nous sommes efforcé de mettre dans nos descriptions le plus de clarté et de simplicité possible, soit en élaguant les détails botaniques par trop minutieux, soit en mettant de côté une foule de mots, plus ou moins impropres, dont la science botanique est encombrée.

Certes ce ne sont pas les mots qui feront faire de grands pas à la science et Linné a toujours raison :

Verbositas præsente sæculo calamitas scientiæ..

—

Viennent en dernier lieu les substances de provenance animale.

Outre leur description, leur utilité et leur mode d'emploi, un aperçu aussi succinct que possible des animaux qui les fournissent est donné pour compléter cette étude.

La Bile ou Fiel de bœuf, le Suc gastrique, la Chair musculaire, les Œufs, etc.... sont des matières médicamenteuses tirées du règne animal dont il ne saurait être question ici, parcequ'elles n'y offrent qu'un intérêt secondaire, leur étude étant du domaine de la pharmacie proprement dite ou bien de la Chimie biologique.

L. L.

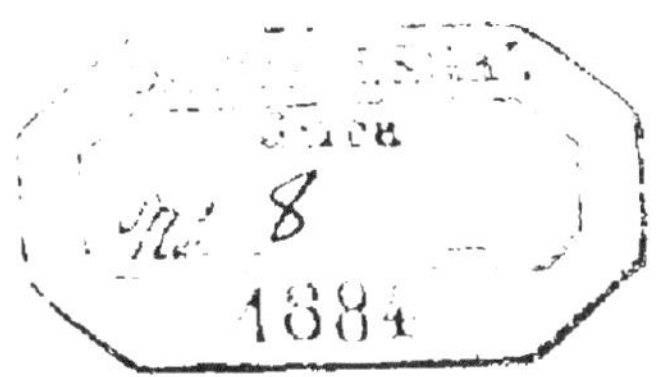

PREMIÈRE PARTIE

MONOCOTYLÉDONES

I. — **Iridées.** *Iris de Florence*

— *Les Iridées* sont des plantes monocotylédones à étamines épigynes, dont la tige est un rhizôme.

La fleur est hermaphrodite et régulière :

Le Périanthe est coloré, pétioloïde, à 6 divisions profondes, disposées sur deux rangées ; la première rabattue, la deuxième dressée.

On y trouve 3 étamines épigynes, opposées aux divisions les plus externes du périanthe : Ces étamines ont des anthères biloculaires introrses ;

À l'exception toutefois du Safran (crocus sativus), dont le dos de l'anthère (dos constitué par le connectif) est tourné vers le gynécée et la face regarde le périanthe. Dans le safran, les anthères sont donc extrorses et dans toutes les autres Iridées introrses.

L'Ovaire est formé de 3 loges et, règle générale, quand dans un monocotylédone l'ovaire a 3 loges, chacune est en face d'une foliole du périanthe.

Le style des Iridées se sépare en branches profondes, correspondant aux 3 loges de l'ovaire. — Ce style est trifide et enroulé ; on peut le dérouler tout comme on déploie un éventail. — Ce style trifide est terminé par trois stigmates, finement dentés.

Le fruit des Iridées est une capsule à trois loges, à la fois septicides et loculicides.

La graine a un embryon sans albumen.

Cette famille renferme :

—

— *L'Iris de Florence* (Iris Florentina), dont les fleurs sont enveloppées de leurs spathes.

La Spathe est un involucre foliacé ou légèrement membraneux, propre aux monocotylédones, involucre formé d'une ou bien de plusieurs folioles, ou bractées larges et pouvant embrasser les fleurs.

— *La racine d'Iris*, provient du Midi de la France et de l'Italie. — Elle est blanche, pointillée, grosse comme le pouce, amère et âcre au goût.

On lui attribue des propriétés expectorantes, mais on ne l'emploie aujourd'hui généralement en médecine que pour faire des pois à cautère.

—

— *Le Safran* (Crocus Sativus). Sous ce nom, on

entend généralement désigner les stigmates du Safran ;
mais, en réalité, ce sont les styles de la fleur du *crocus*,
qui constituent le safran médicinal. (Professeur Baillon.)

Le Safran venait autrefois de l'Orient (Safran
oriental) ; puis, on l'a acclimaté en France et en
Espagne.

Les femmes et les enfants passent dans les endroits
où l'on se livre à sa culture et enlèvent les styles dès
que la corolle commence à s'épanouir. On fait sécher
ces styles ainsi récoltés, sur des tamis de crins chauf-
fés, ce qui leur ôte une grande partie de leur poids.

Le Safran médicinal se présente sous l'aspect de
filaments souples et rouges, sans compter qu'il y a
souvent des étamines qui y sont mélangées, ce qu'il
faut avoir soin d'éviter, pour l'avoir pur.

Le Safran, si on en met dans la bouche et qu'on l'y
laisse séjourner un peu, colore la salive en jaune : Il
a une odeur vive et pénétrante.

— Le Safran bâtard (Carthame), (voir Dicotylédones, famille des composées), a été souvent employé
à sa falsification : Le Carthame a un tube à cinq divisions, puis n'a pas le style aussi fin que celui du vrai
Safran ; d'ailleurs il n'a pas si bonne odeur, ce qui le
fait assez facilement reconnaître.

— Le Safran a un bulbe plein au lieu d'avoir un
rhizôme comme l'Iris.

On a observé que les femmes qui cueillent le Safran
voient apparaître leurs menstrues plus tôt et plus
abondamment que de coutume.

Le Safran est donc emménagogue.

(Poudre de Safran, 30 centi à 1 gr.)

(Infusion : une pincée pour 1/2 litre).

(Sirop et teinture, de cette dernière, on donne 12 à 30 gouttes.)

Le Safran est utilisé dans la préparation de la thériaque et du laudanum de Sydenham.

II. — **Colchicacées** *(Colchicum autummale)*

Ce sont des Monocotylédones à étamines périgynes, dont la tige est constituée par un rhizôme ou un bulbe plein.

Les feuilles sont alternes et engaînantes.

Il y a des fleurs terminales, tantôt hermaphrodites, tantôt unisexuées.

D'ailleurs, la fleur des Colchicacées est, en tous points, celle d'une Liliacée supérieure (prof. Baillon) : elle est colorée.

La feuille forme une gaine qui vient s'insérer juste au-dessus du point d'où partent les racines adventives.

— On confond souvent le Colchique avec le Safran : Cependant l'ovaire les différencie ; puis les anthères sont introrses dans le Colchique et extrorses dans le Safran. —

L'ovaire a trois loges et est surmonté d'un style trifide : A cet ovaire succède un fruit sec, polysperme, déhiscent, fruit capsulaire, seulement s'ouvrant d'une façon spéciale.

(La capsule est septicide et non loculicide . C'est

sur ce petit caractère qu'on a établi la famille des Colchicacées.) (Prof. Baillon.)

La graine renferme un albumen abondant et constant, qui, dans le colchique, constitue un médicament puissant. (Colchicine.)

Il n'y a probablement pas de vératrine comme on l'a cru longtemps.

—

Le bulbe de Colchique est un médicament infidèle, parce qu'il se vide, à l'époque, de la formation des axes secondaires. — Stork pensait que le buble perdait ses propriétés en vieillissant et séchant.

Il y a dans le bulbe du Colchique un renflement appelé *pédale*, et dans la dépression qu'il y constitue, va se former une jeune plante.

Le Colchique fleurit dans les près humides, pendant les mois de septembre et octobre (*Colchicum autumnale*), on l'appelle aussi : *Veillotte, Tue Chien*. Les fleurs sont roses, et semblent s'épanouir longtemps avant la venue des feuilles. — Ce qui a fait dire que le Colchique fleurit avant la venue de ses feuilles. — Cela n'est qu'apparent, et s'il n'y a pas de feuilles, alors, c'est qu'elles sont tombées auparavant.

Les fleurs roses du Colchique, ont à peu près la même forme que celles du Safran. D'où le nom de *Safran bâtard*, donné aussi au Colchique. — Ses fruits paraissent en hiver et ses feuilles au printemps.

— Le Colchique agit à petites doses comme diurétique et succédané de la Scille.

Si on le donne à fortes doses, il constitue un drastique violent. — Il faut donc l'administrer avec circons-
pection. — Goutte, — Rhumatisme.

On en fait une teinture obtenue par macération du
bulbe, — un vin avec les semences (1 à 6 cuillerées à
café par jour.)

On appelle *Hermodacte* le bulbe d'une variété de
Colchique, le *Colchicum variegatum*.

—

— *La Cévadille* (Fruit du Veratrum Sabadilla, arbre
originaire du Mexique.) Ce fruit est constitué par des
capsules allongées, réunies par trois dans une même
fleur, minces, rougeâtres, renfermant chacune deux
ou trois graines noirâtres. — Il y a de la *Vératrine*
(Pelletier et Caventou).

C'est un médicament dangereux à manier. — In-
secticide : Plusieurs auteurs l'ont recommandé contre le tœnia.

On en fait une poudre dite : *Poudre du Capucin*,
pour détruire les poux de tête. — Cette poudre peut
déterminer des accidents, si, au lieu d'être préparée
avec la capsule entière, elle l'est avec la semence seulement.

Ajoutons que la poudre de Cévadille est un violent
sternutatoire.

—

— *L'Ellébore blanc* ou *Varaire* (Veratrum album).
dont la racine nous arrive séchée de Suisse et contient beaucoup de vératrine (vomitif et purgatif dras-

tique, — plutôt employé à l'extérieur, en poudre, contre certaines maladies de la peau.)

III. — **Liliacées** (Lis, Lilium.)

— Monocotylédones à étamines hypogynes. Cette famille renferme des plantes ayant généralement comme tiges des bulbes pleins et tuniqués. — Ce bulbe est constitué (et il est utile de le sectionner pour bien l'étudier) par une partie centrale à coupe triangulaire ressemblant à celle d'un prisme dont la base fournirait les racines et les deux autres faces latérales, les écailles.

— Mais, toutes les plantes de la famille des Liliacées, n'ont pas que des bulbes, il y a aussi des rhizômes.

— Le réceptacle floral est généralement convexe, ce qui entraîne un ovaire supère.

— Le Périanthe renferme six folioles, sur deux rangées de trois et alternant; et, ce qu'il y a de particulier, c'est que les folioles externes sont, le plus souvent soudées avec les internes, par leurs bords latéraux.

L'Androcée des liliacées a deux verticilles, chacun de trois étamines ; (les Liliacées ont bien des caractères communs avec les Amaryllidées, — et ce dernier particulièrement); tandis que les Iridées n'ont qu'un verticille de trois étamines.

Ces étamines ont un filet court, surmonté d'anthères biloculaires introrses.

— L'ovaire des Liliacées est libre de toute adhérence. Il est à placentation axile et contient deux rangées d'ovules anatropes suspendus à l'angle interne.

— Le fruit est sec et s'ouvre à la maturité par trois valves : il contient beaucoup de graines. (*Polysperme.*)
C'est une capsule à trois loges loculicides.

— La graine, souvent recouverte d'un tégument noir et crustacé, contient un embryon avec albumen.

—

On remarque dans cette famille :

— *La Scille* (Scilla Maritima), qui croît sur les bords de l'Océan et de la Méditerranée, fleurit en août et donne des fleurs blanches ; on n'emploie, en médecine, que les écailles ou *squammes* du bulbe.

— Le bulbe de Scille est conique et très volumineux (comme le poing) tantôt rouge, tantôt blanc

suivant la variété : le rouge est seul employé en médecine. Il se compose d'écailles serrées ; les plus
superficielles sont presque dépourvues de principes
actifs, aussi les laisse-t-on et emploie-t-on de préfé-
rence les écailles rosées de la partie moyenne ; celles
du centre sont blanches et peu estimées.

La Scille entre dans la composition des vins diurétiques amers de la Charité et de l'Hôtel-Dieu, ainsi
que de l'oxymel scillitique, etc.

C'est un diurétique puissant.

—

— *L'Aloès*, suc concret fourni par plusieurs espèces du genre *aloè*.

Il y a :

1° *L'Aloès succotrin*, suc épaissi, retiré des feuilles
de l'*Aloë soccotrina*, qui croît aux environs de Soco-
tora (île voisine de l'Arabie.)

— D'une manière générale, l'Aloès peut être mou
et sec, *transparent* (Aloès lucide), ou *opaque* (Aloès
hépatique, parce qu'il a la couleur du foie.)

Toutes ces différences tiennent fort probablement
aux procédés d'extraction.

La saveur de l'Aloès succotrin est fort amère, mais
son odeur assez agréable. La poudre est d'un jaune
doré et soluble dans l'alcool.

2° *L'Aloès des Barbades,* ou de la Jamaïque, qui
devient à la longue presque noir ; il a une cassure un
peu grenue, une odeur *sui generis*, qui rappelle un

peu celle de l'Iode, se dissout moins bien dans l'alcool que le précédent.

L'Aloès est tonique, purgatif et drastique, suivant la quantité qu'on en fait prendre.

En poudre, par exemple : 5 à 20 centig. agissent comme tonique, et 30 centig. à 1 gramme comme purgatif.

L'Aloès a la propriété de provoquer les hémorrhoïdes et les menstrues.

Il entre dans la composition des *pilules ante cibum*, *pilules d'Anderson*, etc.; *élixirs de longue vie, de Garus*, etc., etc.

—

ASPARAGINÉES

La famille des Asparaginées, ainsi que celles des Smilacées et celle des Dracénées a été rangée définitivement par M. le professeur Baillon, dans la famille des Liliacées. (1)

—

— *L'Asperge* (Asparagus), est une plante polygame, supérovariée, à étamines biloculaires introrses, avec un ovaire à 3 loges, dont 2 avortent.

(1) R. Brown l'avait déjà fait; mais on s'était basé pour différencier les Asparaginées des Liliacés sur les caractères distinctifs que présentent le fruit (baie, Asparaginées) (capsules, Liliacées) et la racine bulbifère pour les Liliacées et fibreuse pour les Asparaginées.

Elle produit ces petits fruits rouges que tout le monde connait.

On emploie, en médecine surtout, les racines des genres *asparagus officinalis* (comestible) et *asparagus amarus*.

Les Asperges sont des plantes fort vivaces, dont les racines sont composées d'un paquet de radicules fort longues, adhérentes à une souche commune et sont rangées parmi les cinq racines apéritives majeures des anciens.

On en emploie 30 à 60 grammes par litre d'eau.

Les jeunes pousses, ou *turions*, sont alimentaires : elles donnent à l'urine une odeur particulière. (Aspartate d'ammoniaque.)

On en fait le sirop de pointes d'asperges. Broussais avait proposé de remplacer la Digitale pourprée et l'acide hydrocyanique qui irritent l'estomac, par l'asperge, qui, inoffensive pour l'estomac, exerce une action sédative évidente sur le cœur. — Excitant.

—

— *Le petit Houx* (Ruscus aculeatus), dont la racine rappelle celle de l'asperge et est aussi une des cinq racines apéritives majeures.

La tige est encore ici comme dans l'asperge, un rhizôme.

Les feuilles sont curieuses comme disposition et assez difficiles à voir.

Ce que l'on prend généralement pour la feuille dans le petit Houx n'est autre chose qu'un rameau de troisième ordre, élargi, vert et terminé par un piquant.

Quant à la feuille, elle se trouve au centre de cette pièce, toute petite et à son aisselle se fait l'inflorescence qui est en cymes séparées.

Les étamines sont monadelphes (filets soudés), et sur trois loges qu'il y a à l'ovaire, deux sont stériles.

Le fruit est rouge comme dans l'asperge.

Le petit Houx, appelé aussi *fragon*, a des racines amères, toniques et diurétiques.

SMILACÉES

Le genre *Smilax*, dont la fleur est unisexuée, dioïque :

La fleur mâle a deux verticilles de trois folioles chacun, et deux verticilles de trois étamines ;

La fleur femelle, deux verticilles de trois sépales, avec un gynécée en haut et quelques vestiges d'étaminodes.

L'ovule est orthotrope, ce qui distingue les Smilacées des Liliacées. Les *Smilacées sont donc*, d'après M. le professeur Baillon, *des Liliacées à ovule orthotrope.*

Le fruit du Smilax est une baie.

Les feuilles alternes n'ont pas l'air d'appartenir à un monocotylédoné.

Ces feuilles ont une nervation particulière ; elles sont penninervées en haut et digitées en bas : il y a des vrilles.

Les tiges sont des branches sarmenteuses, munies de piquants.

Salsepareille : Le genre *Smilax salsaparilla*, décrit par Linné, n'existe pas, à proprement parler, car il réunit une foule d'espèces.

Deux autres genres s'en rapprochent :

Le *Smilax syphilitica*, trouvé par de Humbold, dans la partie nord de l'Amérique du sud, et le genre *Smilax officinal's*, qui paraît occuper la même région.

Il y a encore le *Smilax medica* (Vera-Cruz et Honduras), et le *Smilax papyracea*, moins important. — Diurétique.

On fait de la salsepareille, un sirop et un extrait alcoolique.

Elle est employée dans le traitement des maladies vénériennes (tisane, infusion, de 30 à 60 grammes par litre), et dans les maladies où il convient d'agir sur la peau.

La Salsepareille, constitue avec le Gaïac, le Sassafras et la Squine, les quatre bois sudorifiques.

—

— *La Squine* (Smilax China) croît en Amérique et en Chine. Des marchands chinois vendirent pour la première fois vers l'an 1525, la racine de Squine sous le nom de *Fouling*. On emploie la racine qui est assez grosse, ligneuse, lourde et noueuse, recouverte d'une écorce lisse d'un rouge brun, sans odeur et d'un goût acre. — Elle contient de l'amidon, de la gomme résine et une matière colorante rouge, soluble.

Elle a les mêmes propriétés que la salsepareille, mais lui est de beaucoup inférieure, s'emploie en décoction de 20 à 60 grammes.

DRACÉNÉES

— *Les Dragonniers* (Dracœna Draco) arbres qui atteignent parfois un développement colossal, fournissaient anciennement le Sang-Dragon (astringent). Aujourd'hui on le retire plus particulièrement de certaines légumineuses (pterocarpus draco et marsupium), et d'un palmier, le Calamus Draco.

IV. — Orchidées

Ce sont des plantes monocotylédones à ovaire infère qui ont des fleurs très-irrégulières par leur périanthe.

Les étamines sont réduites à une : les autres avortent.

Le périanthe a deux verticilles et six folioles ; dont deux rapprochées, petites, et une plus grande leur faisant presque face, constituent le verticille externe ; cela est déjà très-irrégulier.

Le verticille interne a trois divisions, deux presque opposées l'une à l'autre et la troisième qui, placée entre les deux plus petites folioles du verticille extérieur, affecte une forme particulière en sabot ou espèce de loge que l'on appelle le *labelle*.

Les fleurs se tordent sur elles mêmes. — L'androcée se trouve, par avortement réduit à une seule étamine à anthères biloculaires introses et quand la fleur a fait sa torsion l'étamine est en haut et le labelle en bas, ce qui était le contraire auparavant.

Il y a un style épais qui surmonte l'ovaire. L'étamine est unie au style par son filet et l'anthère de l'étamine vient se placer à l'extrémité du stigmate. Il y a ainsi *Gynandrie* (union du mâle et de la femelle.)

On appelle alors *Gynostème* le support (style et filet unis).

On trouve des cloisons incomplètes à l'ovaire, par conséquent la placentation est pariétale. (La placentation serait axile, si ces cloisons se réunissaient en un axe commun et central). Il y a de nombreux ovules.

Le fruit des orchidées indigènes est la plupart du temps sec (capsule); celui des exotiques devient charnu (baie).

—

Voici les principaux produits de la famille des orchidées :

— *Le Salep* qui est fourni par les tubercules de diverses espèces d'orchis et particulièrement de *l'orchis mascula*, tubercules nous venant de l'Asie-Mineure enfilés en chapelet : ils sont d'un gris jaunâtre et salés au goût.

Chez nous la portion souterraine ou tubercules de l'orchis fournit un salep assez analogue à celui d'Orient. et Parmentier a prouvé que l'on pouvait faire avec la fécule de pomme de terre (solanum tuberosum) un véritable salep indigène.

Comme usage médical on en a fait un chocolat (*chocolat au salep*) tonique, analeptique.

—

— *La Vanille* (Mexique et Pérou), est le fruit du vanilla aromatica (Swartz). C'est une baie (prof. Baillon), vulgairement appelée gousse de vanille et que quelques auteurs considèrent comme une capsule.

Ce fruit, long de cinq à vingt centimètres, est tout bonnement constitué par l'ovaire infère de la vanille, chargé de ses ovules devenus de petites graines noires et brillantes. La plante ne produit ces fruits qu'à sept ans.

La vanille du commerce est la *vanilla planifolia* originaire des terres chaudes du Mexique. On l'expédie du port de Vera-Cruz.

La vanille contiendrait un liquide huileux, de l'extrait de sucre, une substance amyloïde et de la Coumarine, d'après les recherches de Bucholz; elle a une odeur très-aromatique et fort agréable, passe pour être stimulante; mais c'est dans le commerce (confiseurs, liquoristes) qu'elle est employée plutôt que comme médicament. — Poudre — tablettes — et Teinture.

V. — **Amomées**

Ce sont des plantes monocotylédones inférovariées différant suivant les genres.

—

Ainsi les *Zinzibéracées* ont un calice à trois divisions courtes, une corolle ou calice intérieur (A. Richard) tubuleux, à trois divisions irrégulières ; une seule étamine fertile à anthère biloculaire et un fruit sec biloculicide.

Ce qu'on sème dans le Gingembre est un mélange de tiges et rameaux avec leurs cicatrices.

Les Zinzibéracées ont un ovaire renfermant beaucoup d'ovules.

— *Le Gingembre* (Cinnamomum Zinziber, est originaire des Indes Orientales et a été naturalisé au Mexique. On en emploie la racine (grise et blanche) qui est un stimulant très-actif et un sialagogue.

— *Le Curcuma* (Curcuma longa), dont la racine intérieurement d'un jaune foncé, communique cette teinte à la salive. — C'est un stimulant et un antiscorbutique.

— *La Zédoaire ronde* (Curcuma aromatica), vient des Indes et des Iles Moluques en morceaux garnis sur leur côté convexe de petites épines qui sont des restes de radicules. — Stimulant et antispasmodique.

— *La Zédoaire longue* serait, d'après les uns, constituée par des prolongements cylindriques qui réunissent les tubercules de la Zédoaire ronde, et pour d'autres, formerait un espèce différente, mais très-voisine. — Même usage que la Zédoaire ronde.

— *Le Galanga*, très-usité anciennement. Aujourd'hui on n'emploie plus que le petit Galanga.— C'est un produit souterrain, renfermant à la fois des racines, tiges et bourgeons, qui nous vient de la Chine. — Stimulant peu employé.

— *L'Arrow-root* (racine pour les flèches), retirée du *Maranta Indica* dont le fruit ne renferme qu'un ovule; ceux des deux autres loges de l'ovaire ayant avorté, la troisième seule fournit le fruit (Marantées).

La fécule d'arrow-root est retirée des racines du Maranta et passe aux Antilles pour avoir la propriété de guérir les blessures de serpents. —Mêmes usages que ceux de la fécule de pomme de terre. — Elle est souvent falsifiée.

—*La Graine de Paradis* ou *Maniguette* de l'Amomum Melegueta, est un graine noirâtre, ronde, luisante, un peu plus grosse que le grain de millet, elle a une saveur poivrée, — excitant.

— *Le Cardamome* du Malabar ou *petit Cardamome*,

celui de Ceylan ou *grand Cardamome*, et celui de Siam ou *moyen Cardamome*, sont trois plantes dont la première, le petit Cardamome (Elatteria cardamomum), est à peu près seule employée.

C'est une plante a fruit capsulaire s'ouvrant tardivement d'une façon très irrégulière. — Les graines du petit Cardamome ont une saveur beaucoup plus aromatique et plus acre qne celle des deux autres espèces. — Stimulant.

VI. — **Aroïdées** ou **Aracées**

C'est une famille de plantes monocotylédones à étamines hypogynes et à feuilles alternes.

Les fleurs sont environnées d'une *Spathe*; elles sont ou monoïques ou hermaphrodites avec un périanthe à quatre, cinq ou six divisions.

L'Ovaire est en général uniloculaire ; mais la placentation est très diverse.

Le fruit est une baie ou quelquefois une capsule monosperme.

La graine renferme un albumen.

On y remarque :

— *L'Acore-vrai* (Acorus verus ou calamus) :

Sa racine remplace la Canne ou Roseau aromatique dont la racine a disparu du commerce.

La racine d'acore est grosse comme le doigt, spongieuse, brunâtre à l'extérieur, rosée en dedans, répand une bonne odeur et a un goût piquant et aromatique.

— Décoction stimulante : 30 gr. pour un litre d'eau.

VII. — **Palmiers**

Plantes monocotylédones à étamines périgynes, qui ont une tige (stipe) généralement simple, aussi épaisse à la base qu'au sommet et se terminant à la partie supérieure à la façon d'un bouquet par un vaste faisceau de feuilles très grandes et très persistantes.

— Ces feuilles sont alternes, engaînantes, disposées en grappes (régimes) et ont les spathes coriaces et quelquefois ligneuses.

— La fleur est le plus souvent unisexuée et se compose d'un périanthe double (deux rangées de trois folioles chaque) et persistant.

— Les fleurs mâles ont ordinairement six étamines isostémonées ou plus rarement en nombre indéfini.

— Les fleurs femelles ont trois pistils, quelquefois libre, d'autrefois réunis et correspondant à un et parfois à deux ovules.

— La graine a un embryon avec albumen.

— Le fruit, qui quelquefois devient énorme, est

drupacé avec un mésocarpe tantôt charnu, tantôt fibreux — il contient un noyau très dur dans lequel se trouve une amande (émulsine) huileuse et féculente.

— Les Palmiers contiennent des genres très usités, entr'autres :

—

— *Les Sagoutiers* (Sagus Rumphii, lævis, farinifera) dont la tige dans son tissu cellulaire renferme une fécule appelée *Sagou*, fournie principalement par le Sagus farinifera. (Moluques.)

Cette fécule se présente sous la forme de petits grains arrondis, blanchâtres ou d'un gris rougeâtre, très difficiles à écraser avec les doigts, inodores et fades ou goût.

Ces grains gonflés par l'eau bouillante, deviennent transparents et conservent leur forme arrondie (gros sagou). C'est le Sagou blanc.

Les divers Sagous contiennent tous du muriate de soude. Mêmes usages que toutes les fécules.

— *Le Fruit du Sagoutier* a été aussi employé en médecine.

—

— *Le Sang Drayon* (resina sanguinis draconis, suc concret, rouge, insoluble dans l'eau mais soluble dans l'alcool.

Il y a le sang-dragon *en roseau*, provenant du Calamus Draco (Indes Occidentales) et le Sang-Dragon *en baguettes* fourni par une légumineuse, le Pterocarpus Santalum. — Enfin le sang-dragon, *en masses* qui arrive par morceaux de 12 à 15 kilog. et qui provient du Pterocarpus draco (légumineuses); c'est celui qui se vend le plus.

Toutes ces espèces se ressemblent. — Le sang-dragon est peu usité comme médicament ; on lui préfère les autres astringents.

Il entrait dans la composition de l'emplâtre Opodeldoch, des pilules d'Helvétius et de la poudre arsénicale de Rousselot employée comme topique anticancéreux.

NOTA. — L'huile de Palme (corps gras formé d'oléine et d'un principe mou, la Palmitine fusible à 36°.) est liquide dans les pays chauds. On la retire de l'amande de l'*Elais Guinéensis*. Jacq., palmier qui croît naturellement en Afrique et qui a été depuis des siècles naturalisé en Amérique. Outre que cette huile entre dans quelques préparations phamaceutiques (Baume Nerval), soumise à un courant d'air surchauffé elle donne la Glycérine pure.

VIII. — **Graminées**

Les Graminées constituent une famille de plantes monocotylédones à étamines hypogynes, dont les caractères principaux sont d'avoir une tige que l'on nomme *chaume*, tige fistuleuse, souvent creuse, et présentant de distance en distance des nœuds pleins, d'où partent des feuilles alternes et engaînantes.

La gaine ainsi constituée est ordinairement fendue longitudinalement.

Leur inflorescence est en *épi* ou *panicule* composé d'*épillets* ou *locustes* (spicula locusta — petit épi.)

A la base de l'épillet se trouvent des *glumes* ou bractées involucrales qui représentent des bractées à l'aisselle desquelles ne s'est pas développé de fleurs (glumes stériles.)

La fleur a pour périanthe des *Glumelles* opposées placées à différents niveaux.

Les Glumelles qui sont *parinerviées* ou *bicarénées* représentent à elles seules le calice de la fleur.

Il y a en outre une petite bractée florale imparmerviée ou unicarénée (glume fertile) qui n'est pas encore une partie de la fleur, mais une feuille ou bractée florale à l'aisselle de laquelle naît la fleur même.

Cependant ces deux pièces (glumelles) ont été considérées par certains auteurs comme constituant un même verticille de la fleur appelé *calice* par Linné, *glume* par Richard, et par d'autres *balle* et *paillette*.

— La Corolle (glumellules ou palioles) est un verticille de trois petites pièces membraneuses alternant avec les étamines. — Cette corolle peut manquer : quand elle existe, elle joue le rôle de disque hypogyne.

L'Androcée se compose le plus généralement de trois étamines hypogynes à anthères biloculaires introrses.

Le Gynécée comprend un ovaire libre, uniloculaire, et surmonté d'un style souvent terminé par deux branches plumeuses.

L'Ovaire contient un ovule anatrope dressé sur un placenta basilaire, ovule ascendant à micropyle antérieur et inférieur.

— Le fruit est monosperme : c'est une *Caryopse* (akène dont le péricarpe est soudé à la graine.)

Il contient un embryon avec un albumen farineux.

—

Les Graminées renferment principalement les céréales.

Voici le tableau qu'en a donné M. Moquin-Tandon :

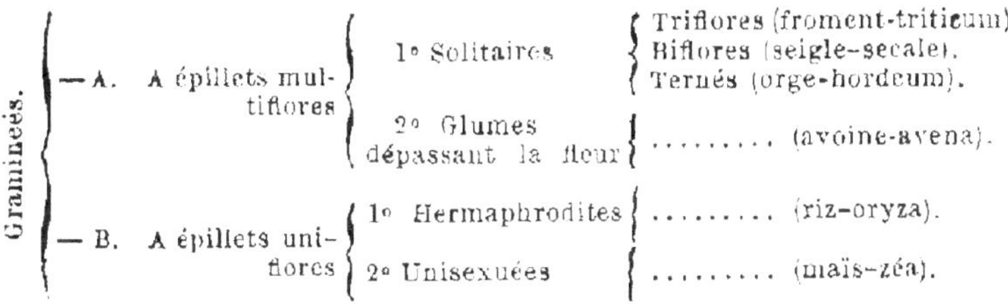

On remarque principalement dans la famille des graminées :

—

— *Le Chiendent* (triticum repens) dont on recueille les racines pour les faire sécher après les avoir préalablement nettoyées et grattées. On en fait des bottes qu'il faut avoir soin de renouveler de temps en temps parce qu'il s'y met des vers.

— Les décoctions de chiendent sont apéritives et diurétiques.

Une seconde espèce de chiendent, plus grosse, connue sous le nom vulgaire de *pied de poule*, (cynodon dactylon, Rich. ou Panicum dactylon, Lin), contient une plus grande quantité de matière sucrée que le chiendent ordinaire et est fort employée en Allemagne.

— *La Canne de Provence* ou *Roseau à quenouilles* (arundo donax) dont la racine est employée comme diaphorétique chez les femmes en couches. — Elle se trouve dans le commerce en morceaux secs, durs et subéreux ayant une saveur fade bien qu'un peu sucrée et un peu d'odeur.

— *Le Gruau d'avoine* (avena sativa), est le grain d'avoine dépouillé de sa balle florale et grossière-ment concassé. — Il s'emploie, en décoction, comme adoucissant.

32 grammes de gruau dans deux litres d'eau.

— *L'Orge mondé* (hordeum mundatum) est l'orge dépouillée de sa première pellicule au moyen d'une meule courante qui ne fait que rouler le grain.

— L'orge renferme beaucoup de fécules amylacées du mucilage et un alcaloï, de l'*Hordéine*.

— Tisane, 30 gr. d'orge par litre d'eau.

— *L'Orge perlé* (hordeum perlatum), est l'orge tout à fait nue, arrondie et polie au moyen de procédés particuliers. — Ne contient presque pas d'Hordéine, mêmes usages que le précédent.

— *L'Amidon*, ou fécule de blé, extraite par des procédés spéciaux. On l'obtient dans le commerce en traitant par l'eau les farines qui commencent à se gâter, etc. — En médecine on emploie l'amidon soit en lavements (16 à 32 gr. d'amidon pour un litre) soit en poudre dans l'intertrigo par exemple.

— *Le riz* (oryza sativa). Les grains de riz sont émollients et adoucissant, — tisanes et cataplasmes.

Le riz sert d'aliment au moins dans la moitié du globe et il contient d'après une analyse de centgram-mes :

Eau	5	»
Amidon	84	07
Parenchyme	4	80
Matière végéto-animale	4	60
Sucre incristallisable	»	29
Phosphate de chaux	»	40
Matière gommeuse	»	71
Huile	»	13
Acide acétique, soufre, quelques sels	traces.	

DEUXIÈME PARTIE

ACOTYLÉDONES

I. — Fougères ou Filicacées

Cette famille de végétaux acotylédones renferme des plantes herbacées et vivaces ; elles ont un stipe formé de tissu cellulaire blanchâtre et à contours capricieux : ce stipe est terminé par un bouquet de feuilles ou frondes tantôt simples, tantôt découpées ou décomposées.

Ces feuilles ont ceci de particulier, c'est que quand elles commencent à pousser elles sont enroulées à leur extrémité libre.

Elles portent à leur face inférieure, le long ou au bout des nervures, les organes de la fructification.

— Ce sont des *sporanges* recouvertes d'une membrane nommée *indusie* (indusium, chemise) et contenant des spores en plus ou moins grand nombre, de forme généralement ovoïdale ou sphérique ou bien encore irrégulière et d'une consistance très-dure.

Ces spores, au moment ou les sporanges s'ouvrent pour les laisser tomber, donnent naissance à un *droembryon* ou *prothallium*, expansion oblongue un peu aplatie qui bientôt dans son épaisseur va produire l'*anthéridie*, organe mâle des cryptogames;

L'anthéridie y précède l'apparition des *Archégones* (organes femelles) et c'est dans sa cavité que vont se développer les spermatozoïdes des cryptogames qui, mis en liberté par la rupture de la cellule qui les contient, sortent de l'anthéridie et vont se rendre à la cavité ou cellule de l'archégone, cavité renfermant un contenu granuleux qui se segmente pour former des cellules embryonnaires constituant l'embryon définitif, lequel va se développer pendant que la masse du prothallium se détruira peu à peu.

—

On remarque dans cette famille comme principales plantes :

— *La Fougère mâle* (Polipodium filis mas), dont le Rhizome constitué par un axe principal, donnant insertion à des tubercules oblongs et foliacés, bruns à l'extérieur et jaunes intérieurement, est doué d'une saveur amère et astringente et répand une odeur assez nauséeuse.

Ce Rhizôme est anthelmintique et contient, d'après Morin, une huile volatile, une huile grasse, des acides acétique et gallique, du sucre liquide, du tannin, de l'amidon, une matière gélatineuse et du ligneux.

Le principe actif est de nature oléo-résineuse : pour l'obtenir, on se sert de l'éther qui le dissout bien.

On emploie généralement les rhizômes en décoction à la dose de 8 à 16 grammes et même 32 pour un litre d'eau que l'on réduit de moitié par l'ébullition ; c'est ce qu'on appelle un *apozème.*

Les préparations de fougère mâle et particulièrement l'oléorésine, ont ceci de particulier, c'est quelles chassent le botryocéphale à anneaux larges (botryocephalus latus) et n'ont qu'une faible action contre le tœnia commun (tœnia solium), c'est pourquoi ce médicament réussit si bien en Suisse et dans le Nord, où le botryocéphale est commun.

—

— *Le Polypode* (Polypodium vulgare) a un rhizôme recouvert d'écailles jaunâtres qui persistent quelquefois quand il est sec. Ce rhizôme, verdâtre à l'intérieur ; a une mauvaise odeur assez analogue à celle de la Fougère et une saveur un peu sucrée.

Cette racine passe pour laxative, apéritive, fébrifuge et sudorifique.

— *Le Capillaire* du Canada (Adianthum pedatum) de couleur brune avec des pétioles longs d'environ 33 centimètres et aboutissant à une dizaine de rameaux éparpillés à folioles minces qui ont leurs organes de fructification sur leur bord externe.

On le mélange souvent au capillaire de Montpellier. Il a une odeur agréable, légèrement aromatique, une saveur amère.

On en fait un sirop en infusant 130 gr. de feuilles de capillaire dans un litre et demi d'eau bouillante, avec 2 kilogr. de sucre, jusqu'à consistance sirupeuse.

L'infusion simple se fait avec 16 gr. par litre d'eau. C'est dans les affections catarrhales, peu intenses, qu'il est principalement employé.

II. — **Lycopodiacées**

Famille de plantes cryptogames à tige cellulo-vas-
culaire, à feuilles distinctes pourvues d'organes
mâles et d'organes femelles comme les fougères, mais
ayant des sporanges axillaires ou terminales déhis-
centes ou indéhiscentes et souvent très-rapprochées,
ce qui leur donne une certaine ressemblance avec un
épi.

—

La Poudre de Lycopode est la poussière jaune
formée de spores qui s'échappent des sporanges du
Lycopodium clavatum : on l'a appelée aussi *soufre
végétal*, soit parce qu'elle s'enflamme à la bougie (1)
(c'est pour cela qu'on l'emploie aux feux d'artifice),
soit aussi à cause de sa couleur jaune.

En pharmacie, on s'en sert pour rouler les pilules
et empêcher leur adhérence.

En médecine, on l'emploie à l'extérieur comme
absorbante, surtout pour recouvrir les excoriations
qui se forment dans différentes parties du corps des
nouveaux-nés, ou des jeunes enfants.

(1) Avec une telle rapidité qu'elle n'a pas le temps d'embraser
les objets environnants.

III. — **Lichens**

Les Lichens, Hépatiques, sont des acotylédones pourvus de frondes aériennes étendues en plaques d'épaisseur plus ou moins variable et parsemées de fibrilles radiciformes.

Il y a dans les lichens trois couches cellulaires qui, suivant la position qu'elles occupent, sont supérieure, latérale et moyenne, avec des *thalles*, sortes d'expansions foliacées et des *thèques* qui contiennent les spores et qui sont placées à la surface des frondes.

On appelle *Conidie* (κόνις, poussière), d'après Spren gel, les Gemmes ou Gemmules des Lichens. Pour certains auteurs ce sont tous les organes reproducteurs qui ne ressemblent pas aux spores normaux ; pour d'autres, ce sont des cellules reproductrices ou spores qui naissent directement du *Mycelium* des champignons et qui semblent surtout correspondre aux *gongyles* des mousses et hépatiques.

Ce seraient cependant des corps moins parfaits que les spores.

De Candolle appelle *Gongyle* les globules reproducteurs des plantes chez lesquelles la fécondation n'est pas prouvée.

— Les spores des Hépatiques sont enfermés dans des sporanges dont la déhiscence est longitudinale.

— Les Lichens contiennent de la fécule (*Lichénine*), une matière gélatineuse, et une matière amère la *Cétrarine* ; ils sont pectoraux, adoucissants, nourrissants suivant les espèces.

Le plus employé en médecine est :

— *Le Lichen d'Islande* (cetraria islandica) qui renferme des tartrates de potassium et de calcium, le principe amer mentionné plus haut (cétrarine), ainsi que la Lichénine, est employé en décoction (de 16 gr. par litre d'eau) ou en gelées (120 gr. par jour.)

— Si l'on a recours à une décoction de Lichen non lavé on obtient un tonique et un fébrifuge. Ce liquide est jaune et amer.

— Si, au contraire, le Lichen a été lavé, on a un médicament nutritif, adoucissant et excellent pour les affections de poitrine.

— On en fait des pâtes, gelées et tablettes.
Il y a encore d'autres espèces de Lichens qui, suivant les usages auxquels on les emploie, se nomment *Lichen pulmonarius* (poitrine), *pyxidatus* (coqueluche) et le *Lichen aphtosus* (aphtes) qui est aussi un drastique et un vermifuge.
Quelques Lichens fournissent un principe colorant

et on en fait usage dans les arts ; ainsi, l'*Orseille* (Roccella tinctoria) qui croît sur les côtes des îles Canaries et même de France et la *Parelle* ou *Orseille d'Auvergne* qui est extraite par un procédé analogue à celui employé pour l'orseille, du *Lecanora parella* (Acharius). M. Robiquet en a isolé l'*Orcine* ($C^{16} H^8 O^5$).

IV. — **Champignons**

Les Champignons ou Fungacées sont des Cryptogames extrêmement variés, soit qu'ils constituent des
végétaux aériens, soit souterrains, ou bien encore
qu'ils se fixent et se développent sur d'autres êtres
organisés et y vivent en parasites, ou enfin, soit qu'on
les rencontre à l'intérieur des êtres vivants.

M. le professeur Robin a divisé les champignons
en cinq ordres :

> I. — Arthrosporés (Αρθρον, articulation, et
> σπορα, graine).
>
> II.— Trichosporés (Θριξ, τριχὸς cheveu, σπορα.
> graine.)
>
> III. — Clinosporés (Χλινη, lit, σπορὰ, graine).
>
> IV. — Thécasporés (Θηκη thèque, et σπορὰ
> graine).
>
> V. — Basidiosporés (Βάσις, base, σπορὰ,
> graine).

I· — « *Les Arthrosporés* sont représentés par un

4

seul utricule ou cellule, libre ou aggloméré avec ses semblables ou par des utricules articulés en chapelet, *Achorion*, *Microsporon*, etc.

II. — « *Les Trichosporés* sont formés de cellules filamenteuses articulées bout à bout, à spores nues, isolées ou accumulées au sommet des filaments ou des rameaux, *Muscardine*, etc.

III. — « *Les Clinosporés* coriaces ou charnus ; réceptacle charnu, corné ou mucilagineux. *Ergot de seigle, Puccinie*, etc. »

IV. — « *Les Thécasporés* coriaces ou charnus ; spores dans des thèques ou sporanges à la surface du réceptacle ou dans son épaisseur, les *Truffes*, etc. »

V. — « *Les Basidiosporés* coriacés ou charnus, spores sur des *basides* à la surface du réceptacle ou dans son épaisseur, *agarics, bolets, oronges*, etc... »

— Tout le monde connait les champignons de la tribu des Basidioporés avec leur chapeau convexe muni de lames, leur pédicule pied ou stipe. Quelques-uns sont comestibles :

Il y en a qui ont un volva et des lames (Amanite) ;

D'autres des lames et sont dépourvus de volva (Agaric) ;

D'autres enfin sans lames ni volva (Bolet).

Ce sont là les trois genres des grands champignons de la tribu des Basidiosporés.

Les *Sporules* ou organes de la reproduction dans les champignons, sont placées, soit à l'intérieur de leur subtance soit à leur extérieur, étendues sur une lame qui porte le nom d'*hymenium*.

—

On trouve dans les champignons de la cellulose très-dense appelée *Fungine*, un principe délétère qui est la *Bulbosine*, et enfin un alcaloïde, poison énergique très-voisin de l'ésérine ; c'est la *Muscarine*, qui tue par arrêt du cœur.

—

— Quant aux champignons qui vivent en parasites soit sur l'homme soit sur les animaux, ils appartiennent presque tous à la tribu des Trichosporés.

Il y a :

— *L'Achorion Schœnleinii* (Remak) qui habite le cuir chevelu et les follicules pileux, teigne.

— *Le Microsporon Audouini* (Gruby) vit sur les follicules pileux et amène le porrigo decalvans.

— *Le Trichophyton tonsurans* (Malmsten) se trouve aussi dans le cuir chevelu. — Herpès tonsurant.

— *Le Trichophyton mentagrophytes* (Robin) se développe sur la racine des poils de cheveux et barbe. **Mentagre.**

— *Le Microsporon furfur* (Robin) qui constitue le pytiriasis versicolor.

—*L'Oïdium Albicans* (Robin) est le champignon du muguet.

— Il y a encore le *Mucor Mucedo* (Linné) le *Puccina favi*, etc., etc.. etc.

Le Botrytis Bossiana, découvert par Bassi, e t un champignon de la tribu des Mucorinées ou Mucédinées moisissures) qui occasionne la muscardine, maladie des vers à soie. C'est surtout sous l'influence de l'humidité qu'il se développe.

Il faut signaler aussi les champignons qui vivent sur la vigne et les céréales ;

Sur la vigne, *l'Oïdium tuckeri* ;

Sur les céréales, divers *Sporizorium, maïale* et *cereale*.

On a prétendu que la farine du maïs attaqué par le sporizorium donnait la pellagre, de même que la farine du froment donnerait l'acrodynie, dont on a vu en 1828 et 1829 une épidémie à Paris.

— Le pain de munition devient cassant et s'émiette facilement sous l'influence de l'*Oïdium aurentiacum*.

— Enfin la pomme de terre est attaquée par *le Bo trytis infestans*. Pour l'en débarrasser il faut couper les tiges.

D'ailleurs on a préconisé bien des moyens pour détruire ces champignons, soufre, etc., mais jusqu'ici les alcalins et toutes causes détruisant l'acidité du milieu où vit le champignon, paraissent le mieux réussir.

— On remarque parmi les champignons employés en médecine :

— *L'Agaric blanc* ou Polypore du Mélèze. C'est un champignon à chapeau charnu, dont une cloison sépare les tubes qui se continuent avec la substance du chapeau. L'agaric blanc tient par un de ses côtés au tronc du mélèze : il a un aspect extérieur jaune brun et est recouvert d'une pellicule lisse : il est blanc au-dedans.

Après l'avoir nettoyé de sa croûte et blanchi au soleil, on l'emploie comme purgatif drastique (5 à 25 centigr.), mais on ne s'en sert plus guère aujourd'hui qu'en médecine vétérinaire.

——

L'agaric blanc a été employé contre les sueurs nocturnes, des phthisiques, non sans quelque avantage (Bisson — v. Arch. gén. de Méd., janvier 1833, p. 159).

——

— *L'Agaric de chêne* (Polyporus ignarius de Fries et Boletus ignarius de Linné) est recouvert d'une croûte noirâtre et dure : il a ses bords et sa face inférieure blancs, répand une odeur de moisi.

Pour obtenir l'agaric des chirurgiens, on lui fait subir une préparation qui consiste à lui enlever sa croûte et à le dessécher, puis on lui donne de la souplesse en le coupant par tranches qui trempées dans une solution de nitrate de potasse et soumises à un battage particulier constituent l'*amadou*. — Il sert comme hémostatique en absorbant la partie fluide du sang et concourant ainsi à la formation du caillot.

Un autre agaric a les mêmes usages, c'est l'*agaric ondulé* (polyporus fomentarius).

—

— *Le Seigle Ergoté* (secale cornutum) est une sorte d'ongle, pointu droit ou courbé et allongé, qui se trouve à la place du grain de seigle ; d'une couleur brun noirâtre, il a de un à quatre millimètres d'épaisseur et de un à quatre centimètres de longueur. On a cru pendant longtemps qu'il était le produit d'une maladie du grain; on le considère aujourd'hui comme provenant d'un champignon qui ne serait autre que le corps caduc qui surmonte l'ergot (sphacélie), le sphacelia segetum de Léveillé.

L'Ergot renferme beaucoup de substances azotées, de l'huile et un principe actif, *l'ergotine* qui a une action particulière sur les muscles lisses (utérus).

L'Ergot, dit M. Robin, est le stroma (provenant d'un Mycelium) qui a donné naissance à des conidies (on entend par conidie des corps reproducteurs femelles de première sorte dans les champignons), soit du *cordyliceps purpurea* de Fries, soit du *claviceps* de plusieurs autres auteurs.

Quant à la sphacélie, c'est un corps très-complexe qui tient et du mycelium du cordyliceps et quelquefois d'un autre champignon, le *Cladosporium herbarum* qui attaque les céréales humides et en mauvais état.

—

L'Ergot a été employé pour hâter l'accouchement, pour faire contracter les muscles lisses de l'utérus, et aussi après l'accouchement pour faire cesser les hémorrhagies ; c'est dans ce dernier cas que son emploi est préférable. On ne le prescrira que très rarement ou presque jamais chez les primipares. Le tétanos utérin qu'il produit parfois explique la prudente réserve de certains auteurs au sujet de son administration.

On en donne de 60 centigr, à 2 grammes en poudre dans de l'eau sucrée, soit 2 grammes en trois prises de dix minutes en dix minutes parce que l'ergot est un médicament qui, comme le tartre stibié par exemple, met dix minutes à manifester son action.

V. — **Algues.**

Les algues constituent une famille de plantes acotylédones généralement aquatiques et d'une composition assez simple : elles sont pour la plupart constituées par des filaments formés de cellules placées bout à bout et ramifiées appelées *frondes*; se reproduisent par des spores et conceptacles.

Cette famille, dit Richard se compose de plantes qui vivent à la surface de la terre humide ou qui flottent sur l'eau douce ou salée, ce qui les a fait partager en deux sections :

1º Les *Conferves* ou celles qui végètent dans les eaux douces ;

2º Les *Thalassiophytes* qui vivent dans les eaux salées.

Parmi les individus que renferme cette famille beaucoup offrent de nombreux points de contact entre l'animal et le végétal : c'est pourquoi certaines algues ont été prises longtemps pour des animaux d'ordre inférieur et réciproquement.

D'ailleurs, sans entrer dans de plus longs détails, nous nous bornons à reproduire ici le tableau qu'en a donné M . le prof. Robin.

—

1° *Algues isocarpées*. — Formées d'utricules, vivant librement ou en colonies dans une gangue granuleuse ou gélatineuse ;

2° *Algues filamenteuses*. — Formées d'une seule cellule allongée ou de plusieurs, articulées bout à bout ;

3° *Algues à frondes*. — La plupart marines (Thalassiophytes) divisées elles-mêmes ou Fucacées ou Phycées, qui ont les organes mâles et femelles sur le même individu et en Floridées où ces organes sont portés par des individus séparés.

—

Il y a en outre des algues parasites :

— Le *Cryptococcus cerevisiæ* de Kutzing, algue qui vit dans l'intestin ;

— Le *Cryptococcus guttulatus*, que M. Ch. Robin a trouvé chez le lapin ;

— Le *Merismopedia ventriculi* (sarcine de l'estomac) ;

— Le *Leptothrix buccalis* de M. Ch. Robin.

— Le *Leptothrix pulmonalis* de Leyden (gangrène pulmonaire) ;

— Les divers *Leptomites*, etc., etc.

—

Parmi les Algues il y en a d'utilisées en médecine, ainsi :

—

— *La Coralline blanche* qui se trouve surtout dans la mer Méditerranée, a été longtemps prise pour un polypier : elle a, comme son nom l'indique, une couleur blanche quelquefois foncée de vert, une odeur marine et une saveur salée.

Elle a été employée comme vermifuge, mais on lui préfère généralement aujourd'hui parmi les Algues, la mousse de Corse.

—

— *La Mousse de Corse* (Fucus ou Plocaria helmintocorton), qui n'est qu'un mélange de nombreuses Algues vermifuges ou non (de Candolle) dont l'emploi semble remonter à une très haute antiquité, n'a presque pas de goût, se donne en poudre à la dose de 4 grammes ou en décoction, 4 à 16 grammes dans un demi-litre d'eau.

On l'emploie fréquemment pour combattre les vers chez les enfants. M. Bouvier en a donné, dans le tome IX des *Annales de chimie*, l'analyse suivante : gélatine, 602 ; fibre végétale, 110 ; sulfate de chaux, 112 ; muriate de soude, 92 ; carbonate de chaux, 73 ; fer, silice, magnésie et phosphate de chaux, 17. — M. Gaultier de Claubry (ann-chim., t. 93, p. 73), a constaté l'existence de l'Iode dans la mousse de Corse.

On en prépare aussi un sirop, une gelée, des tablettes, etc.

—

— *Le Carragahen-Laminaria*. Mousse perlée ou mousse d'Islande (fucus crispus), est une Algue qui, traitée par l'eau, donne un mucilage que l'on a utilisé en médecine comme émollient.

Cette plante contient du sucre, une petite quantité d'iode, et de sels de soude.

On en fait des tisanes, tablettes, sirops, etc.

La *Laminaria digitata* est une algue marine dont la tige ou stipe a été employée par les accoucheurs, comme dilatateur utérin. (Sloan d'Ayr, 1862.) Elle peut s'introduire sans spéculum dans l'utérus ; néanmoins, Hubert a inventé un porte-laminaria des plus commodes. — Les accoucheurs belges en ont obtenu de bons effets.

TROISIÈME PARTIE

PRINCIPALES SUBSTANCES

D'ORIGINE ANIMALE

EMPLOYÉES EN MÉDECINE

I. — Castoréum

Le castoréum est un produit d'origine animale, sécrété par deux glandes, situées dans les poches préputiales du Castor.

On distingue deux principales sortes de Castoréum, le Castoréum *de Sibérie* et celui *du Canada* : le premier est le plus recherché.

— *Le Castor Fiber* est un petit animal appartenant à la famille des mammifères rongeurs : il est amphibie et vit au bord des fleuves et des cours d'eau qu'il endigue d'une façon singulière ; sa façon de se loger n'est pas moins remarquable. (Voir Zoologie.)

Le Castor a une tête arrondie avec des oreilles courtes, des doigts séparés, une queue fort large et écailleuse dont il se sert pour ses constructions.

Au point de vue des organes sexuels, qui seuls ici nous intéressent, le Castor, a un cloaque où viennent aboutir l'anus et les organes génito-urinaires.

De chaque côté de ce cloaque sont placées deux paires de poches glanduleuses ; et c'est la paire supérieure qui renferme le Castoréum.

Ce sont ces glandes, encore unies par le conduit excréteur, que l'on trouve dans le commerce sous le nom de Castoréum, qui, s'il est frais, est jaune, sirupeux, d'odeur fétide : cette odeur tient à la fois et de celle du musc et de celle du bouc ; s'il est sec, on a deux masses piriformes, aplaties latéralement, sortes de besaces d'un brun noirâtre et contenant une masse jaunâtre, compacte, sillonnée de cloisons membraneuses qui si elles font défaut servent à reconnaître que le Castoréum a dû être sophistiqué.

Ce contenu est quelquefois tout-à-fait solide et résineux, et, si on le porte à la bouche, il se ramollit et adhère aux dents ; d'autrefois il a un aspect de Cire.

La saveur du Castoréum est âcre et amère.

— Le Castoréum de Sibérie possède une odeur caractéristique de cuir russe, que M. Guibourt attribue à l'écorce de Bouleau dont se nourrissent les Castors.

— Le Castoréum du Canada est contenu dans des poches plus petites, a une odeur résineuse toute spéciale que l'on attribue aux pins et sapins que ces animaux rongent.

— D'autre part, M. Kohli a trouvé deux caractères qui servent à les différencier :

1º Que le Castoréum du Canada, traité par l'eau ammoniacale, donne un précipité orangé ;

2º Que le Castoréum de Sibérie donne un précipité blanc.

Le Castoréum renferme une huile volatile, de la résine, une matière grasse, du mucus, du carbonate d'ammoniaque, des urates, benzoates, sulfates de soude et de potasse et de la *Castorine* à laquelle Brandes prétend que le Castoréum doit ses propriétés, tandis que pour Soubeiran ce serait à l'huile volatile qu'il renferme.

Le Castoréum est un médicament aromatique qualifié antispasmodique.

Il entre dans la composition des pilules de Cynoglosse : on en a fait des potions, teintures et pilules.

Le Castoréum se donne principalement contre la dysménorrhée et l'hystérie vaporeuse à la dose de 50 centigrammes à 1 gramme.

La teinture de Castoréum associée à parties égales avec celle de noix vomique est d'une remarquable efficacité dans la gastralgie à la dose de 10 à 12 gouttes pendant l'accès.

II. — **Musc**

Le Chevrotain porte-musc (Moschus moschiferus), est un animal appartenant à la classe des Ruminants sans cornes.

On le trouve en Chine et au Thibet ; il est moins grand que la chèvre de nos pays ; son pelage est brun, à poils durs et roides.

Le Mâle est le seul à nous intéresser : Outre les deux petites défenses qu'il porte à la machoire supérieure et qui sont tout bonnement des canines faisant saillie, il possède sous le ventre, au-devant du prépuce, une poche sébacée ronde ou ovale, à face supérieure appliquée contre les parois abdominales et pouvant atteindre six centimètres de long sur quatre de large.

C'est cette poche qui, secrète, l'humeur particulière constituant le Musc.

Même chez l'animal vivant, cette sécrétion a une consistance fluide ; mais sitôt que l'animal est mort, le Musc prend une consistance solide, est d'une coloration brune, amer au goût, d'une odeur très-forte et très-pénétrante.

On distingue deux espèces de Musc, de même qu'il y a deux espèces de Castoréum.

— Le plus recherché est le *Musc du Tonquin*, qui est renfermé dans une poche à poils roux.

— Celui qui vient du Thibet par le Bengale et que l'on appelle aussi *Musc Kabardin,* est contenu dans des bourses à poils blanchâtres ; il est plus sec, d'une odeur moins forte et moins persistante que le précédent.

Le Musc est onctueux au toucher, quand on le retire de la poche où il a été secrété. — Quand il est pur, il se dissout fort bien dans l'eau chaude et aussi dans l'éther, l'alcool et enfin dans le jaune d'œuf.

Sa composition est très compliquée. Le Musc est souvent falsifié : cela tient à plusieurs choses ; d'abord, il s'altère et peut, par suite, perdre, de ses propriétés, puis il est fort cher. On y a, en effet, pour le sophistiquer, mélangé du sable, du sang de bœuf, du plomb, etc., et on peut après cela ne s'étonner guère des diverses interprétations que l'on a données de ses vertus.

— On fabrique en Allemagne un Musc artificiel (*Succineupione*), sorte de résine jaune d'odeur de Musc, que l'on obtient en traitant l'huile de succin rectifiée, par l'acide nitrique.

En France, la fiente de vache desséchée, qui acquiert l'odeur de musc, a été appelée *Musc indigène* (Bouillon-Lagrange).

—

La teinture de Musc, dont la composition est de cent parties de Musc pour mille parties d'acool à 80°, s'emploie à la dose de 10 à 20 gouttes dans une potion.

Le Musc se donne de 10 à 50 centig. par jour. — Il a une action excitante, digestive, nerveuse, circulatoire et génitale (Hystérie vaporeuse, etc.)

III. — **Corne de Cerf**

Indiquée dans les formules, par l'abréviation C C. (Cornu cervi), la Corne de Cerf est fournie par une espèce de cerf, genre de ruminants à cornes pleines ou osseuses, et caduques, de forme arrondie, avec des ramifications. Cette espèce est le Cervus Elaphus de Linné, ou Cerf commun.

Le Mâle seul porte des cornes, et aussi de fortes canines à la mâchoire supérieure.

On trouve la corne de cerf soit *en cornichons* (c'est la terminaison des andouillers), soit *rapée* : cette dernière, d'une couleur grise, est remplacée les trois quarts du temps, par des os rapés : elle porte alors plus spécialement le nom de corne de cerf rapée *blanche*.

La corne de cerf rapée mise dans l'eau bouillante donne une boisson gélatineuse adoucissante.

Si on calcine jusqu'au blanc le résidu de la distillation de la corne de cerf, on obtient du phosphate de chaux ; c'est ainsi que la corne de cerf calcinée et porphyrisée entre dans la préparation de la décoction blanche de Sydenham.

La poudre de James a été préconisée à la dose de 5 à 50 centigr. dans du miel, pour lutter contre les complications pulmonaires consécutives à la rougeole : elle est composée de corne de cerf calcinée et porphyrisée 20 parties mélangée à 10 parties d'oxyde d'antimoine.

— Du reste, peu usitée.

IV. — Sucre de Lait

Lactine, sel de lait, lactose, ce sucre existe dans le lait de tous les mammifères ,en quantité variable, suivant les espèces et aussi suivant certaines conditions physiologiques.

Ainsi, en procédant par ordre de richesse en lactine, on trouve que :

```
Le lait de jument en contient 8.70 pour 100
     —    d'ânesse . . . . . . 6        —
     —    de femme . . . . . 4         —
     —    de vache. . . . . 3 à 4       —
     —    de chèvre . . . . . 4.40      —
     —    de brebis . . . . . 4.20      —
```

Pour l'extraire du lait, on précipite la caséine en ajoutant quelques gouttes d'acide sulfurique étendu, on filtre et on évapore le liquide à cristallisation, on purifie de plus en plus par de nouvelles cristallisations en ayant soin d'y ajouter du charbon animal.

Le sucre de lait est cristallisable, dextrogyre, insoluble dans l'éther et l'alcool absolu; traité par les acides étendus, il se transforme en glucose et alors peut subir la fermentation et fournir de l'alcool.

Comme usage on en fait, en thérapeutique, l'excipient de beaucoup de poudres, d'autant mieux, dit Binz, qu'il attire moins rapidement l'humidité et dans l'estomac subit moins facilement, que le sucre de canne, la fermentation acide : on en a déduit qu'il suffisait, dans les diarrhées des enfants soumis à l'allaitement artificiel, de remplacer le sucre de canne par le sucre de lait pour obtenir parfois de notables améliorations.

A la dose de 50 grammes par litre d'eau, il constitue une tisane tempérante, utile, d'après M. le professeur Bouchardat dans la diarrhée des pays chauds.

Le sucre de lait est l'excipient ordinaire des médicaments homœopatiques.

V. — Blanc de Baleine

Le Blanc de Baleine, sperma-ceti, adipocire, est une substance blanche qu'on trouve non pas dans la baleine, ainsi que son nom l'indique, mais dans les cavités cloisonnées des os du crâne (occipital et partie postérieure du maxillaire supérieur), du cachalot. C'est surtout chez le Physeter Macrocephalus qu'on recueille le blanc de baleine.

Le Blanc de Baleine est liquide, de consistance huileuse pendant la vie de l'animal; il prend la consistance de la cire quand ce dernier est mort.

Le Blanc de Baleine est presque totalement constitué par la *Cétine*, qui est du palmitate de cétyle, éther composé qui, traité par la potasse concentrée, se dédouble en acide palmitique et alcool cétylique.

La cétine est un principe blanc, doux au toucher, qui se présente en lames brillantes et cassantes et s'obtient facilement en traitant le blanc de Baleine, par l'alcool bouillant, qui dissout la cétine, puis la laisse déposer au fur et à mesure qu'elle se refroidit.

Le Blanc de Baleine était autrefois employé en médecine dans les affections catarrhales; on l'utilise aujourd'hui dans l'industrie pour la fabrication des bougies de luxe.

VI. — Ichthyocolle

L'Ichthyocolle, ou Colle de poisson, est une substance gélatiniforme qui vient principalement de la Russie.

On la prépare avec le feuillet interne de la vessie natatoire du grand Esturgeon (*Ascipenser huso*), poisson ganoïde, pouvant atteindre 4 et 5 mètres, qui a des boucliers mousses sur le corps, la peau lisse et des barbillons médiocres — ce poisson a des œufs dont on fait le *caviar*, aliment très recherché des habitants du Nord.

La vessie natatoire de l'Esturgeon commun (*Acipenser Sturio*) sert aussi à préparer l'Ichthyocolle qui se transforme facilement en gélatine, bien qu'elle n'existe pas toute formée dans la colle de poisson. Le produit industriel appelée *Grénetine* n'est autre que de la gélatine purifiée.

On se borne simplement à nettoyer et à faire sécher cette membrane (feuillet interne); puis, on la roule sur elle-même et suivant la forme et le soin qu'on y met, on obtient de l'Ichthyocolle *en lyre* ou *petit cordon*, qui est la plus recherchée ; *en cœur*, encore désignée sous le nom de petit cordon; et, enfin, *en livre*, la moins chère de toutes et valant presque autant que les autres.

On blanchit la colle de poisson par l'acide sulfureux.

Il y a cependant une Ichthyocolle de qualité inférieure, c'est la colle de poisson *Hollandaise*, qui est noirâtre, en tablettes, et que l'on prépare avec toutes les parties visqueuses des divers poissons cartilagineux.

Dans l'Industrie, on emploie la colle de poisson à la clarification des liqueurs, à la fabrication de la colle à bouche en la dissolvant dans de l'eau sucrée, et à la préparation de certaines gelées. Très-peu usitée en médecine.

VII. — Cantharides

Ces insectes appartiennent à l'ordre des coléoptères hétéromères, à la famille des Trachélides et à la tribu des Cantharidies ou Vésicants.

La famille des Trachélides se compose de six tribus, et parmi ces tribus, c'est celle seule des Cantharidies qui jouit de propriétés vésicantes.

Les Cantharides ont la tête triangulaire, portée par une sorte de col qui caractérise les Trachélides ; mais sont munies, à leur tarse, de crochets très-profondément divisés et possèdent des antennes longues et flexibles.

La Cantharide la plus habituellement employée, longue d'environ vingt millimètres sur cinq de largeur, a des élytres longs et flexibles d'un vert doré très luisant, avec un tarse composé de 5 articles aux quatre pattes antérieures et de 4 aux deux pattes postérieures, et des antennes ou cornes, noires, à bords droits munis de onze articles : Elle répand une odeur forte et désagréable et vit sur certains arbres de la famille des Jasminées, les Lilas, les Troënes et surtout les Frênes.

C'est pendant l'été que l'on fait la récolte des Cantharides ; le matin on les fait tomber sur des draps que l'on étend sous l'arbre et la personne chargée de

secouer les branches doit être gantée soigneusement
et masquée pour éviter les piqûres. Puis on les tue
à la vapeur du vinaigre. On les faits ensuite sécher au
soleil pour les mettre après cela dans des bocaux
bien bouchés.

Sur treize genres que renferme la tribu des Cantharidies neuf seulement possèdent des propriétés vésicantes.

Ce sont les genres :

— *Cerocoma* (Midi de l'Europe),

— *Dices* (Espagne) ;

— *Mylabris* (France) ;

— *Lydus* (Europe) ;

— *Œnas Syriacus* (Europe méridionale);

— *Decatoma* (Cap de Bonne-Espérance) ;

— *Tétraonyx* (Brésil);

— *Méloè variegatus* (France) ;

— *Méloè vesicatorius*, Lytta vesicatoria ou Mouche d'Espagne (Midi de l'Europe).

—

Du reste, si l'on veut puiser à bonne source, il suffit
de lire le mémoire de M. Leclerc sur les Epispasti-

ques (*Journal des Connaissances médico-chirurgicales*, sept. 1835) dont nous reproduisons ici les conclusions :

1º — « De tous les Coléoptères, la tribu des Cantharidies seule renferme des espèces épispastiques ;

2º — « Tous les insectes de cette tribu ne sont point épispastiques ;

3º — « Toutes les espèces du même genre ne sont point vésicantes ;

4º — « Tous les Coléoptères vésicants agissent par un principe qui est le même, la Cantharidine ;

5º — « Il est probable que le principe actif est sécrété dans un appareil particulier ;

6º — « Ce principe ne se détruit ni par l'action de l'air ni par celle du temps. »

—

C'est l'abdomen et non les élytres qui renferme le principe vésicant des Cantharides.

Si ce principe ne se détruit pas, l'humidité et certaines mites rendent les cantharides vermoulues et leur font perdre par là beaucoup de leur activité.

La Cantharidine est une substance blanche, cristallisée, brûlant la bouche, irritant violemment les organes et qui constitue un poison énergique. Elle se dissout dans les acides, les alcalis, l'alcool et les huiles grasses.

La poudre de Cantharides est employée très diversement pour produire la vésication (pommades épispastiques, emplâtres, etc., etc.) Elle excite les organes génito-urinaires (1) et est des plus puissants stimulants du système dermoïde.

On la donne à l'intérieur le plus ordinairement, sous forme de teinture (deux à trois gouttes) : elle cause en s'éliminant une vive irritation de la vessie (cystite cantharidienne).

(1) Les anciens connaissaient fort bien les propriétés des Cantharides comme aphrodisiaques. Ovide notamment en a décrit les effets,

VIII. — Cire

La Cire est un produit sécrété par des Glandules placées latéralement sous le ventre des abeilles, insectes hyménoptères porte-aiguillons ou térébrants, ayant pour type l'Abeille domestique (Apis mellifica) qui donne aussi le miel.

Les Abeilles sont ces petits insectes ailés que tout le monde connait et qui portent à l'extrémité postérieure de leur abdomen (les femelles et les neutres seulement ; les mâles en étant dépourvus), un aiguillon long de cinq à six millimètres avec deux glandes à venin, le tout en forme de flèche. Cet aiguillon est pourvu de neuf muscles dont huit portent le dard en avant et un seul est destiné à le retirer ce qui fait qu'il reste si souvent dans la plaie : il faut bien se garder de presser la partie piquée de crainte de crever les poches à venin et de donner issue à leur contenu dans la plaie, par l'aiguillon qui servirait de conduit ; mais en coupant le dard bien au ras de la peau on peut ne laisser subsister que la piqûre mécanique, en enlevant ainsi les glandes à venin qui se trouvent plus superficielles.

Dans le cas contraire, le sel, l'eau-de-vie, etc., peuvent être appliqués si la piqûre est trop douloureuse.

Les Abeilles vivent en république dans des ruches d'une merveilleuse organisation.

— Une seule femelle, *la Reine*, ou mère abeille plus grosse et plus allongée que les autres, possède un dard plus long et un peu plus recourbé que celui des ouvrières, n'a que douze articles à ses antennes ; ses pattes n'ont ni brosse, ni corbeille : enfin entre les deux estomacs, en avant de l'abdomen sont placés deux grands ovaires ou vésicules copulatrices : aussi la reine est-elle uniquement chargée de la ponte des œufs, environ 36,000 par an.

— Un millier de *mâles,* ou faux bourdons petits, sans aiguillons, sont chargés de féconder la reine qui, lorsque le moment de la fécondation arrive, s'élève dans les airs et choisit le mâle destiné à recevoir ses faveurs (c'est souvent un mâle d'une autre ruche). La fécondation faite pour toute la vie de la reine, les mâles devenus inutiles sont expulsés et meurent de faim.

— Un nombre considérable de *neutres* ou ouvrières, femelles arrêtées dans leur développement, (faute d'une nourriture plus abondante et d'un berceau plus spacieux) car elles n'ont pas de vésicules copulatrices, sont chargées du travail et de la police intérieure de la ruche.

Il y a parmi les neutres des *nourrices* chargées d'élever les Larves ; des *cirières* qui font la cire et apportent leur nourriture aux *soldats,* neutres qui font la police de la ruche, empêchant les mâles de se livrer au pillage, etc., etc.

— Enfin la multiplication des abeilles se fait par émigration ou *essaimage* tantôt naturel, tantôt artificiel.

Les abeilles vont absorber le suc des fleurs, dans les nectaires, et aussi sur les feuilles de certaines plantes, puis une fois repues viennent dégorger le miel dans les alvéoles.

— *La Cire* provient en partie des fruits et des feuilles : mais surtout de la partie sucrée du miel (1) les abeilles, à l'aide de leur patte de derrière, sorte de palette velue, ou *brosse*, ramassent les poussières sucrées des fruits puis les accumulent dans une sorte de poche ou *corbeille* dont leur tarse est muni. C'est cette récolte que l'abeille porte à la ruche pour l'y avaler ensuite et produire la cire par ses glandes abdominales (plaques gaufrées). C'est avec les plaques gaufrées que les abeilles construisent leurs alvéoles, cellules où elles déposent leurs provisions de miel et élèvent leur progéniture.

En exprimant ces gâteaux de miel, on obtient une matière jaunâtre, solide, molle, qui, exposée à l'air en lames minces souvent arrosées d'eau perd sa couleur jaune, et, blanchissant, constitue la cire blanche ou vierge.

---

(1) **F. Huber** dans ses expériences sur les abeilles (24 mai 1787) pour savoir si la cire est véritablement une sécrétion ou si elle provient d'une récolte particulière conclut que la partie sucrée du miel met les abeilles qui s'en nourrissent en état de produire de la cire tandis que les poussières fécondantes des fleurs ne posséderaient pas cette propriété.

La Cire renferme trois principes : la Cérine, la Céroléine et la Myricine :

Elle est fusible à 65° environ, insoluble dans l'eau, soluble dans l'essence de Térébenthine et forme avec les alcalis les composés savonneux employés dans les arts, que l'on appelle *encaustiques*.

On emploie la cire en médecine à la confection des emplâtres.

— Il y a la *Cire verte* qui est un emplâtre d'acétate de cuivre fait avec de la poix blanche, de la cire jaune, de la térébenthine et du verdet porphyrisé.

La Cire est la base du cérat.

IX. — Cochenille

La Cochenille est un insecte hémiptère, c'est-à-dire à ailes couvertes par des élytres durs à leur base et membraneux à leur sommet, qui fournit en teinture une magnifique couleur écarlate.

D'une manière générale, ces insectes (dont la femelle est aptère et vit presque immobile fixée sur les végétaux, et le mâle a deux ailes très-développées et très-mobiles avec deux soies sur le corps), ont un tarse fait d'un seul article avec un crochet unique et sont petits : les femelles sont plus grosses que les mâles.

On en connaît plusieurs espèces :

—

— *La Cochenille du Nopal* (coccus cacti) est celle dont on retire la matière colorante. Elle vient du Mexique ou de Honduras; l'une est plus grosse que l'autre; celle du Mexique est la plus estimée.

— Autrefois, comme on ignorait en Europe que ce fut un insecte, on prenait la cochenille pour des graines et l'on est allé jusqu'à en semer. — Les Espagnols possesseurs de ce commerce avaient accrédité cette fable.

— Pour l'élevage de ces insectes, on prend des cochenilles sauvages, on les met dans des plans de Nopals où elles se développent : la femelle reste fixée aux feuilles avec ses œufs, toute recoquevillée pour leur servir d'enveloppe protectrice, puis elle meurt.

Mais pour l'utiliser et obtenir le carmin il faut la tuer par la chaleur, avant qu'elle n'ait pondu ses œufs.

— Dans le commerce, on trouve la cochenille en grains irréguliers convexes d'un côté, concaves de l'autre, de couleur gris brûnâtre.

Il y encore dans la tribu des Coccidées :

— *La Cochenille laque* (coccus lacca) qui pique certains arbres (ficus religiosa et indica — Artocarpées —) (et croton lacciferum — Euphorbiacées —), pour donner la gomme laque mêlée a de la matière colorante.

— *La Cochenille de Pologne* (coccus polonius), dont la femelle d'un brun rougeâtre s'attache aux racines de Tormentille, de Scléranthe, etc.

— Enfin la *Cochenille du Chêne vert*, ou *Kermès animal* (coccus ilicis) beaucoup plus grosse. — Son nom, dit M. le professeur Baillon, consacre une double erreur ; ce n'est pas une cochenille et ce n'est pas sur le chêne vert qu'elle vit, mais sur un autre chêne, le quercus coccifera.

Le Kermès animal est récolté pour donner le rouge.

La cochenille sert parfois en pharmacie pour colorer certaines préparations. On l'a essayée dans la coqueluche mais sans que rien au monde puisse justifier son emploi.

Deux produits en sont retirés pour le commerce le *carmin* et la *laque carminée*.

X. — Cocons de Sangsue

La Sangsue (hirudo sanguisuga), de la famille des vers proprement dits avec :

Son corps cylindroïde, allongé ;

Ses deux orifices, ventouse anale et ventouse buccale ;

Ses trois couches musculaires, circulaire, oblique et longitudinale, ventouses et muscles, au moyen desquels elle se meut en fixant successivement ses ventouses, l'une après l'autre, et s'y repliant à l'aide de ses muscles ;

Ses quatre-vingt-quinze anneaux quinés (Zoonites) ;

Son système nerveux de vingt-trois ganglions (intestinaux, sus œsophagiens, etc.) ;

Son estomac cloisonné de onze loges, ou cœcums;

Son oscule trifide, formé de trois machoires semilunaires, portant sur leur extrémité libre une soixantaine de denticules, au moyen desquels elle fait une morsure triangulaire ;

Ses organes génitaux sortant : l'un, le pénis, avec ses dix-huit testicules entre le vingt-quatrième et le vingt-cinquième anneau; l'autre, la vulve, avec ses deux oviductes, entre le vingt-neuvième et le trentième (Androgynie);

La Sangsue appartient au genre des *annélides hiru-dinés* et vit exclusivement dans les eauv douces.

La Sangsue varie suivant les espèces.

La Sangsue est ovipare et pour pondre ses œufs, elle se fait une sorte de *cocon* sécrété, d'après Ebrard, par deux glandules qui se trouvent situées sur le dos de l'animal et s'ouvrent un peu en arrière de l'orifice de la matrice. Ce cocon est mince, gélatineux, couvert de petits prolongements entrecroisés. Les œufs y sont pondus vers juillet et août, puis la sangsue se retire de ce cocon qu'elle a soin de déposer dans des galeries souterraines et humides. C'est là que les petites sangsues vont éclore.

On emploie :

La Sangsue *médicinale* (Hirudo Sanguisuga medicinalis), de couleur *grise*, marquée supérieurement de six bandes assez nettes, avec des bandes droites sur les côtés de l'abdomen.

La Sangsue *officinale* (Hirudo Sanguisuga officinalis), ou *verte* (Savigny), a le ventre immaculé.

Enfin, la Sangsue *noire* (Hirudo Sanguisuga obscura) (Moquin Tandon), à dos brun, ventre cendré, tacheté de noir. Quelques-uns la rattachent à la même variété que la précédente.

Enfin, chaque pays a un peu son espèce : Ainsi on emploie beaucoup en Algérie l'Hirudo troctina, sangsue verdâtre supérieurement, avec ses bandes en zigzag, au lieu d'être droites comme dans la sangsue ordinaire, etc., etc.

On évalue à son poids, environ 8 grammes, la quantité de sang que tire une sangsue.

En ajoutant à cela une quantité presqu'égale de sang qui s'écoule ensuite de la piqure, au total on aura 16 grammes. (Huit ou neuf sangsues pour une palette).

— Si l'on veut convertir l'action des sangsues en une saignée générale, il suffit d'inciser leur partie postérieure et le sang s'écoule au fur et à mesure qu'il est sucé.

Les Sangsues dégorgées et lavées avec soin peuvent resservir. Pour les conserver, on les met dans des vases à large ouverture, au deux tiers pleins d'eau de pluie ou de rivière, que l'on renouvelle souvent, surtout s'il en meurt.

Pour les appliquer, on les tient dans un verre dont les parois internes peuvent être imbibées de vin, ce qui les fait mordre plus rapidement.

NOTA. — Il faut mentionner ici l'*Hœmopis*, ou Sangsue de cheval qui vit dans certaines contrées n'a que trente denticules mousses et ne peut percer la peau de l'homme, mais s'insinue fort bien dans les naseaux du cheval qui boit, et attaque sa muqueuse. En Afrique, les soldats qui boivent aux ruisseaux, ont vu quelquefois ces sangsues s'accrocher à leur muqueuse pharyngienne.

En se gargarisant avec du vin, de l'eau salée ou du vinaigre, on parvient à les décrocher.

Il y a aussi une sangsue noire, décrite par Blainville, la sangsue de Ceylan, qui vit dans les herbages humides et s'accroche parfois aux jambes des voyageurs.

XI. -- Eponges

L'Eponge est un animal invertébré, de l'embranchement des Zoophytes et de la classe des Spongiaires.

L'éponge se compose d'un squelette, qui est tantôt *siliceux* (Silicéponge), tantôt fibreux, pour quelques-uns, ou *corné* pour d'autres (Kératéponge), et tantôt *calcaire* (Calcéponge), squelette, fixé aux rochers par un pédicule rétréci, qui s'épanouit et renferme un tissu glaireux. A sa surface, on voit des petites ouvertures, appelées *Oscules* : Ce squelette contient un agrégat d'animalcules, allongés comme les polypes et formés soit par *Scission*, soit par *Gemmes*, ciliées ou non ciliées, et enfin par des *œufs* de première ou de deuxième saison.

On a cru retrouver dans la spongille d'eau douce, ces trois modes de reproduction.

—

Les éponges les plus employées sont des Kératéponges.

Après la mort de l'animal, le tissu glaireux disparait et il reste le squelette souple, élastique, percé de trous, qui constitue, l'éponge du commerce soit *commune*, soit *usuelle* (Sp. officinale.)

On prépare les éponges, soit *à la ficelle*, soit *à la cire*. Ce sont les éponges fines, ou bien que l'on serre fortement avec la ficelle dont les tours sont contigus et que l'on tient ensuite en lieu sec, ou bien que l'on plonge dans la cire jaune, liquide et que l'on presse ensuite fortement entre deux plaques d'étain, qui ont été mises auparavant dans l'eau bouillante.

On se sert de ces éponges ainsi préparées, pour dilater certains organes, le col de l'utérus par exemple. La cire, en fondant, laisse se gonfler le tissu de l'éponge.

Autrefois, on calcinait l'éponge pour l'employer au traitement du goître et des scrofules : Elle contient, en effet, de l'Iodure de Sodium, et c'est Coindet, de Genève, qui, devant les résultats heureux de cette médication, pensa qu'ils pouvaient bien être dûs à l'iode. Voilà comment l'iode (ἰώδης violet), ainsi nommé par Gay Lussac, et découvert par Courtois en 1812 entra dans la Thérapeutique.

L'éponge calcinée ou torrifiée dans une brûloire à café fait partie de quelques préparations usitées en médecine, notamment de la pâte du Frère Come si vantée comme topique anticancéreux.

FIN

TABLE DES MATIÈRES

D

E

F

G

H

I

K

L

V

Z

Lons-le-Saunier. — Imp. J. Mayet et Cⁱᵉ rᵉ, ne Saint-Désiré. 20.

AVIS A MM. LES MÉDECINS ET ÉTUDIANTS

Remise de 20 °/₀ au comptant sur les prix de publication

Un atelier de reliure étant spécialement attaché à la maison, je puis
livrer en dix jours autant de volumes que l'on voudra bien me confier.

Prix pour les in-12, dos chagrin, plats papier, de   1 fr. à 1 fr. 25
Prix pour les in-8,   —   —   1 fr. 75 à 2 fr

Commission pour les Instruments de chirurgie des meilleures maisons de Paris, avec escompte de 10 à 15 0/0.

Achat et échange de livres neufs et d'occasion

Abonnement et vente au numéro de tous les journaux de médecine de Paris

COMMISSION — EXPORTATION

CADIAT. *Cours d'histologie* professé à la faculté de médecine de Paris en 1878,
1 vol. in-4, avec nombreuses figures intercalées dans le texte, et 25 planches coloriées, au lieu de 10 fr. net.   8 fr.

CAZEAU. *Traité théorique et pratique de l'art des accouchements.* 10e édition, 1883 au lieu de 16 fr. net.   12 fr. 80

CRUVEILHER ET MARC-SÉE. *Traité d'anatomie descriptive*, 2 vol. grand in-8, en noir et couleur broché, au lieu de 45 fr. net.   36 fr.

DIEULAFOY. *Manuel de pathologie interne*, 2 vol. cartonnés au lieu de 12 fr. net.   9 fr. 60

GAOSSELIN. *Clinique chirurgicale de l'hôpital de la Charité*, 3e édition, 1878, 3 vol. in-8, avec figures au lieu de 36 fr. net.   30 fr. »

GODIN et BARBERET. *Notes de thérapeutique et de matières médicales* 1884. 1 vol. in-12, 300 pages.   3 fr. 50

KUSS et DUVAL. *Cours de physiologie*, 5e édition, 1883, 1 vol. in-18, cartonné au lieu de 8 fr. net.   6 fr. 40

LIGNAC (L.). *Dicotylédones* ; caractères des principales familles des plantes étudiées en médecine (3e doctorat) ; leurs usages thérapeutique. 2e édition revue augmentée au lieu de 2 fr. net.   1 fr. 60

MOREL. *Anatomie artistique* avec atlas, 15 planches noires et texte explicatif de 15 pages, 1877.   5 fr.

MOREL et DUVAL. *Manuel de l'anatomiste Anatomie descriptive et dissection*, in-8, 1883, broché au lieu de 15 fr. net.   12 fr.

MOYNAC. *Manuel d'anatomie descriptive*, 2 vol. in-18, avec figures au lieu de 18 fr. net.   14 fr. 40

PÉNARD. *Guide pratique de l'accoucheur et de la sage-femme* revue et augmentée, 1883, au lieu de 6 fr. net.   4 fr. 80

TILLAUX. *Traité d'anatomie topographique avec application à la chirurgie :* 3e édit. 1882, gr. in-8 cart., au lieu de 26   20 fr. 80

Lons-le-S. — Imp. J. Mayet et Cie.